런런 옥스퍼드 수학

KB130605

6권

도형과 측정

안녕!
나는 맥스고
이 친구는 민이야.

 수 세기

 쓰기

 연필로 따라 쓰기

 선 잇기

 동그라미 하기

 색칠하기

 그리기

 놀이하기

 스티커 붙이기

 말하기

도형 이름 알기

 손가락으로 도형을 따라 그리세요.

 도형의 이름을 말해 보세요.

넌 어떤 도형을 가장 좋아하니?

원

마름모

정사각형

삼각형

오각형

직사각형

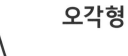

2

삼각형을 빨간색으로, 사각형을 파란색으로, 원을 노란색으로 칠하세요.

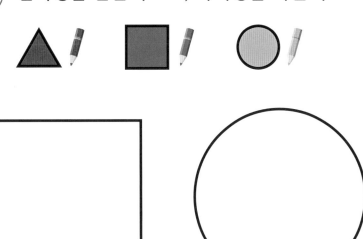

문제를 다 푼 다음, 32쪽으로!

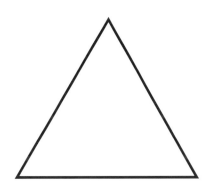
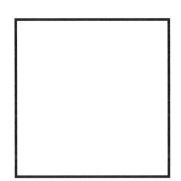
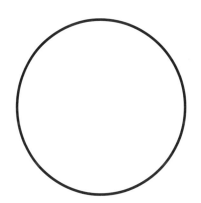

주변을 둘러봐. 주의 깊게 보면 여러 도형을 찾을 수 있어.

 도형 이름 말하기 놀이

놀이터나 공원에 갔을 때 바닥에 떨어진 나뭇잎의 모양을 살펴보세요.
나뭇잎 모양이 어떤 도형과 닮았는지 말해 보세요.

엄마, 아빠에게 다양한 도형을 그려 달라고 부탁해요. 스케치북에 그려진
도형의 이름을 말해 보고, 예쁘게 색칠하세요.

칭찬 스티커를 붙이세요.

도형과 같은 모양 찾기

 도형과 같은 모양의 물건을 찾아 선으로 이으세요.

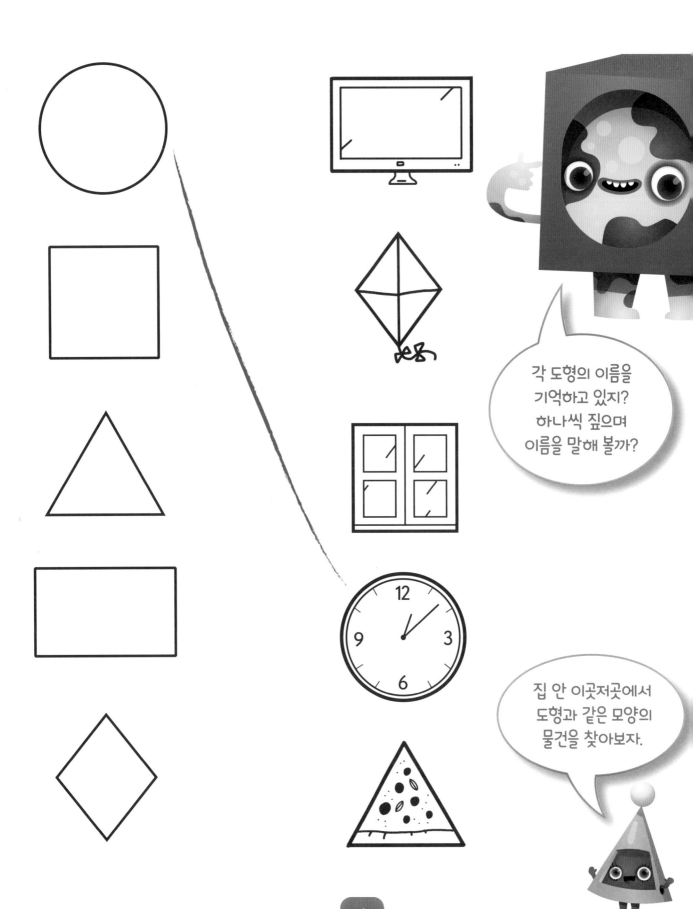

각 도형의 이름을
기억하고 있지?
하나씩 짚으며
이름을 말해 볼까?

집 안 이곳저곳에서
도형과 같은 모양의
물건을 찾아보자.

★★ 도형과 같은 모양의 물건을 찾아 ◯표 하세요.

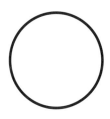   

 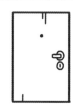  

냠냠! 나는 삼각형 모양의 피자를 좋아해.

칭찬 스티커를 붙이세요.

5

문제를 다 푼 다음, 32쪽으로!

도형 그리기

 점선을 따라 도형을 그리세요.

도형의 이름 기억하지?
큰 소리로 이름을 말하면서
그려 보자.

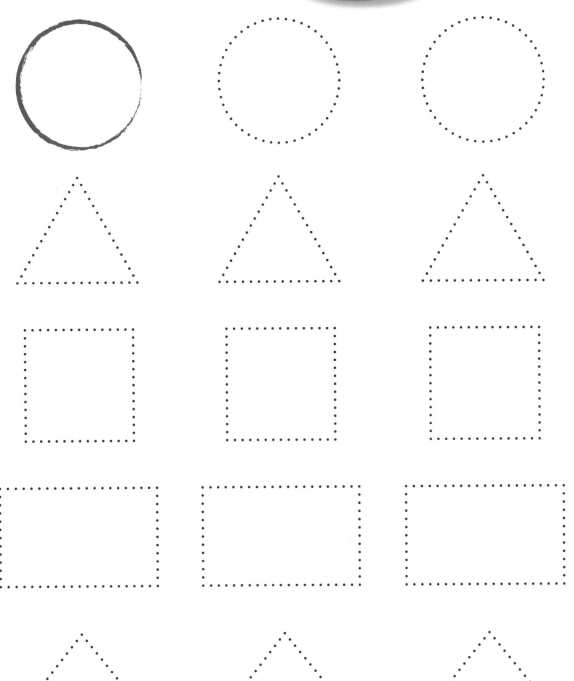

빈칸에 같은 모양의 도형을 그리세요.

도형 그리기
정말 재미있다!

잘했어!

칭찬 스티커를
붙이세요.

 도형 그리기 놀이

손가락에 물을 묻혀 스케치북에 도형을 그려 보세요. 원, 삼각형, 사각형을
크게도 그리고, 작게도 그려 봐요. 물이 마르면 여러 번 반복해서 그려요.

부모님의 등에 손가락으로 도형을 그리고, 무슨 도형인지 알아맞히는
놀이를 해요. 정답을 말하면 이번엔 역할을 바꿔서 놀이하세요.

문제를 다 푼 다음, 32쪽으로!

도형 로봇과 도형 로켓

 똑같은 로봇이 되도록 빠진 부분에 같은 모양의 도형을 그리세요.

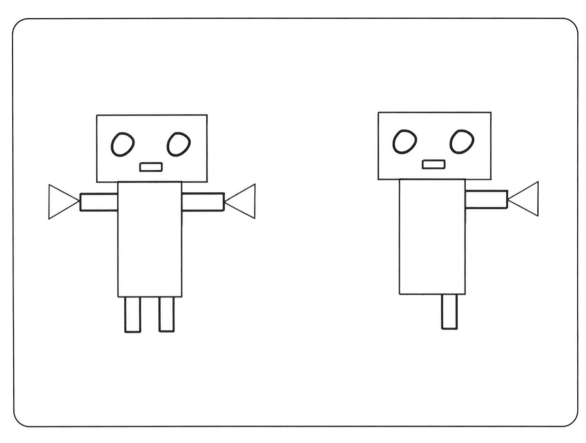

 똑같은 로켓이 되도록 빠진 부분에 같은 모양의 도형을 그리세요.

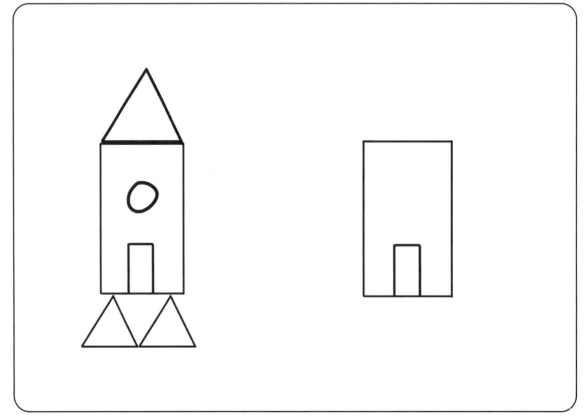

도형 꽃

빈 곳에 알맞은 도형 스티커를 붙여서
다양한 모양의 꽃을 완성하세요.
또 맨 아래쪽에는 자유롭게 꾸며 보세요.

우리 좀 봐!
둘이 같이 있으니까
로켓처럼 보이지?

칭찬 스티커를
붙이세요.

도형 꾸미기 놀이

부모님과 함께 색종이를 오려서 다양한 크기의 원, 삼각형, 사각형을 만들어요.
스케치북에 도형으로 여러 가지 모양을 꾸며 보아요. 사각형 위에 삼각형을
붙여서 집도 만들고, 직사각형을 이용해서 목이 긴 기린도 만들어 보세요.

문제를 다 푼 다음, 32쪽으로!

변과 꼭짓점

정사각형에는 **4**개의 변이 있어요.

4

정사각형에는 4개의 꼭짓점이 있어요.

4

도형에는 반듯반듯 변과
뾰족뾰족 꼭짓점이 있어.

변의 수를 세어 ⬭ 안에 쓰세요.

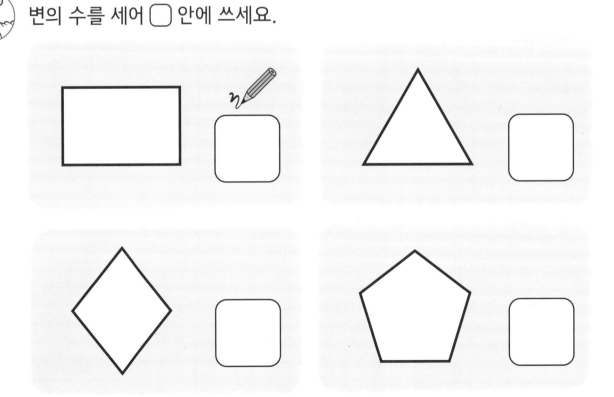

꼭짓점의 수를 세어 ▢ 안에 쓰세요.

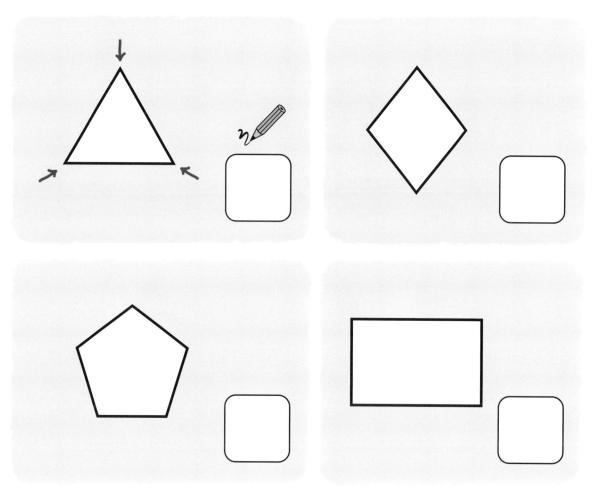

변과 변이 만나는 점을
꼭짓점이라고 해. 도형에서 뾰족한
꼭짓점 찾는 거 어렵지 않지?

잘했어!

칭찬 스티커를
붙이세요.

 **도형 찾기 놀이**

종이 카드에 다양한 크기의 삼각형, 사각형, 오각형을 그린 다음,
바닥에 펼쳐 놓아요. 변의 개수 또는 꼭짓점의 개수를 말하면 알맞은 도형이
그려진 카드를 모두 찾는 놀이를 해 보세요.

문제를 다 푼 다음, 32쪽으로!

두 사물의 크기 비교 – 크다, 작다

짝 지어진 것의 크기를 비교하여 '크다' 또는 '작다'라고 말해 보세요.

짝 지어진 것 중에서 더 큰 것을 찾아 ◯표 하세요.

집에 있는 신발의 크기를
비교해 볼까?
아빠 신발과 내 신발을 비교하면
어느 것이 더 클까?

칭찬 스티커를
붙이세요.

13

문제를 다 푼 다음, 32쪽으로!

크기 비교 - 같다, 다르다

 셋 중에서 크기가 다른 것에 /표 하세요.

나는 큰 컵케이크가 좋아!

크기가 같은 양말을 찾아 선으로 이으세요.

 같은 크기의 도형을 찾아 점선을 따라 그리세요.

칭찬 스티커를
붙이세요.

문제를 다 푼 다음, 32쪽으로!

세 사물의 크기 비교 – 가장 크다

내가 준비한 선물이야.

가장 크다

 셋 중에서 가장 큰 것을 찾아 ◯표 하고, '가장 크다'라고 말해 보세요.

 작은 것부터 차례대로 곰 스티커를 붙이세요.

셋 중에서 가장 큰 것에 ◯표 하세요.

『금발 머리 소녀와 곰 세 마리』
이야기 읽어 본 적 있니?

칭찬 스티커를
붙이세요.

문제를 다 푼 다음, 32쪽으로!

세 사물의 크기 비교 - 가장 작다

가장 작다

 셋 중에서 가장 작은 것을 찾아 ◯표 하고, '가장 작다'라고 말해 보세요.

 큰 것부터 차례대로 강아지 스티커를 붙이세요.

셋 중에서 가장 작은 것에 ◯표 하세요.

셋 중에서 어떤 아이스크림을 먹고 싶니? 가장 큰 거? 가장 작은 거?

칭찬 스티커를 붙이세요.

문제를 다 푼 다음, 32쪽으로!

수와 양 비교 – 많다, 적다

많다   적다

너도 비스킷 좋아해?

 ★★ 수가 더 많은 쪽에 ◯표 하세요.

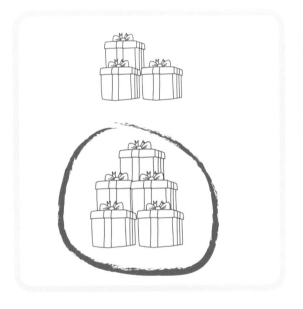

많다   적다

 양이 더 많은 주전자에 ○표 하세요.

주스를 담은 병의 크기와 모양이 같을 때, 병에 담긴 주스의 높이를 비교하면 양이 많은지 적은지 알 수 있어. 어때, 쉽지?

 수와 양 비교 놀이

구슬을 모은 다음 둘로 나눠 보세요.
어느 쪽의 구슬이 더 많은지 말해 보세요. 하나에 하나씩 짝 지은 다음,
개수가 남는 쪽이 더 많은 거예요.

친구와 함께 소꿉놀이를 해요.
크기와 모양이 같은 컵을 2개 준비하고, 각각의 컵에 우유를 따라요.
어느 컵의 우유가 더 많은지, 더 적은지 컵을 나란히 놓고, 우유의 높이를
비교하여 말해 보세요.

칭찬 스티커를 붙이세요.

문제를 다 푼 다음, 32쪽으로!

양 비교 - 가득 차다, 비다

 넷 중에서 물이 가득 찬 양동이를 찾아 ○표 하세요.

내 배는 지금 비어 있어. 맛있는 핫도그가 먹고 싶어.

 넷 중에서 빈 잔을 찾아 ○표 하세요.

 짝 지어진 것 중에서 기름이 가득 찬 병에 ○표 하세요.

양이 같은 것을 찾아 ◯표 하세요.

모양과 크기가 같은 물병을 모아서
각각 물을 부은 다음, 양이 많은지 적은지
비교해 보면 재미있을 거야.

칭찬 스티커를
붙이세요.

문제를 다 푼 다음, 32쪽으로!

폭과 두께 비교 – 넓다, 좁다 / 두껍다, 얇다

넓다   좁다   두껍다   얇다

좀 어렵지?
엄마, 아빠에게
그림 밑의 낱말을 읽어
달라고 부탁해 봐

 둘 중에서 더 두꺼운 것에 ◯표 하세요.

둘 중에서 더 넓은 것에 ○표 하세요.

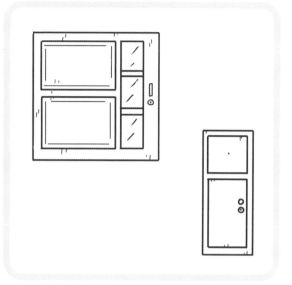

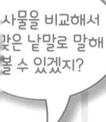
사물을 비교해서
맞은 낱말로 말해
볼 수 있겠지?

 비교하기 놀이

집에 있는 그림책을 짝을 지어서 어느 것이 더 두꺼운지, 어느 것이 더 얇은지 말해 보세요. 두꺼운 책 찾기, 얇은 책 찾기 놀이도 재미있어요.

집에 있는 이불을 나란히 놓고 넓이를 비교해 보세요. 어느 것이 더 넓은지, 어느 것이 더 좁은지 말해 보세요. 둘을 겹쳐 보면 넓이를 더 쉽게 비교할 수 있어요.

칭찬 스티커를
붙이세요.

25

문제를 다 푼 다음, 32쪽으로!

두 사물의 길이 비교 – 길다, 짧다

더 긴 기차를 찾아봐

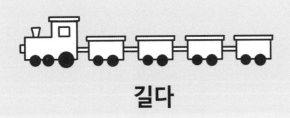

길다

짧다

 둘 중에서 더 긴 것에 색칠하세요.

 둘 중에서 더 짧은 것에 색칠하세요.

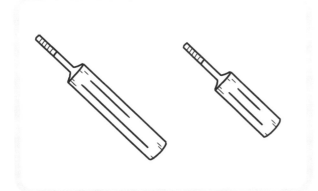

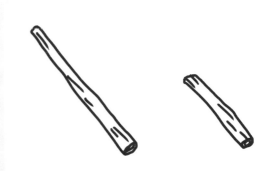

더 긴 줄을 따라 그리세요.

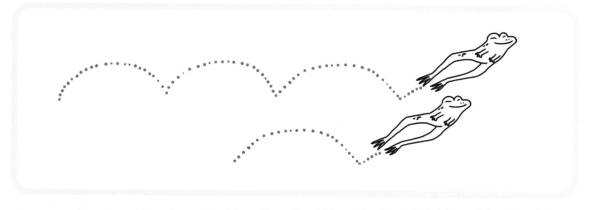

 더 긴 길을 따라 줄을 그으세요.

칭찬 스티커를
붙이세요.

문제를 다 푼 다음, 32쪽으로!

거리 비교 - 멀다, 가깝다

 ★★ 더 멀리 있는 것에 ◯표 하세요.

아이들로부터 더 멀리 떨어진 공을 찾아 ◯표 하세요.

섬에서 더 멀리 있는 배를 찾아 ◯표 하세요.

 세 길 중에서 가장 짧은 길을 따라 줄을 그으세요.

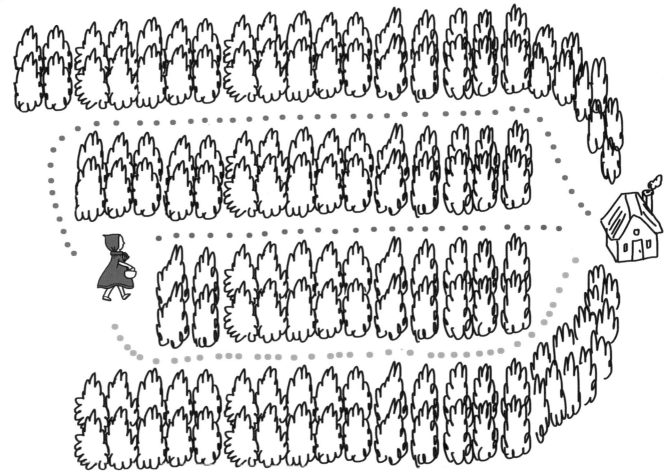

학교에서 가장 멀리 있는 집으로 가는 길을 따라 줄을 그으세요.

학교까지 너무 멀어. 래서 난 자전거를 타고 갈 거야.

학교에서 가장 가까운 곳에 있는 집을 찾아봐.

칭찬 스티커를 붙이세요.

거리 재기 놀이

친구와 함께 짝을 지어 공 던지기 놀이를 해요.
서로 색이 다른 공을 하나씩 갖고 차례대로 공을 던져요.
더 멀리 던진 사람이 이기는 놀이예요.

맘에 드는 인형을 침대에서 가장 가까운 곳에 두어요.

문제를 다 푼 다음, 32쪽으로!

위치 알기

개구리를 차례대로 가리키며 무엇을 하는지, 어디에 있는지 말해 볼 수 있겠니?

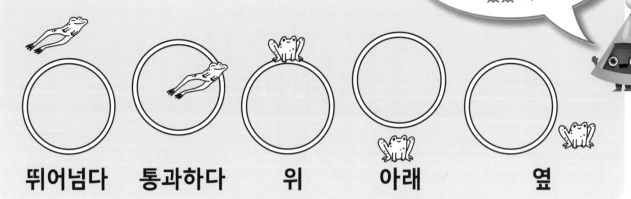

뛰어넘다　　**통과하다**　　**위**　　**아래**　　　　**옆**

 모자를 가리키며 위치를 말해 보세요.

　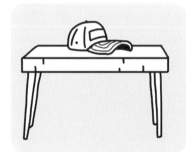　

 파란 옷을 입은 친구를 가리키며 무엇을 하는지 말해 보세요.

잘했어!

칭찬 스티커를 붙이세요.

문제를 다 푼 다음, 32쪽으로!

종합

 각각을 가리키며 알맞은 낱말을 말해 보세요.

| 원 | 삼각형 | 정사각형 | 오각형 | 마름모 | 직사각형 |

가장 크다   가장 작다

두껍다   길다   짧다

얇다   가득 차다   비다   많다   적다

아래   위

뛰어넘다

통과하다   옆

31

문제를 다 푼 다음, 32쪽으로!

나의 실력 점검표

 얼굴에 색칠하세요.

쪽	나의 실력은?	스스로 점검해요!		
2~3	도형의 이름을 말할 수 있어요.	😊	😐	🙁
4~5	주변에서 도형과 같은 모양의 물건을 찾을 수 있어요.	😊	😐	🙁
6~7	도형을 그릴 수 있어요.	😊	😐	🙁
8~9	도형을 이용하여 꾸미기를 할 수 있어요.	😊	😐	🙁
10~11	도형의 변과 꼭짓점을 찾을 수 있어요.	😊	😐	🙁
12~13	두 사물을 비교하여 '크다', '작다'를 말할 수 있어요.	😊	😐	🙁
14~15	셋 중에서 크기가 다른 것을 찾을 수 있어요.	😊	😐	🙁
16~17	세 사물을 비교하여 가장 큰 것을 찾을 수 있어요.	😊	😐	🙁
18~19	세 사물을 비교하여 가장 작은 것을 찾을 수 있어요.	😊	😐	🙁
20~21	수나 양을 비교하여 많은 것과 적은 것을 찾을 수 있어요.	😊	😐	🙁
22~23	사물의 양을 비교하여 가득 찬 것과 빈 것을 찾을 수 있어요.	😊	😐	🙁
24~25	'넓다, 좁다', '두껍다, 얇다'의 뜻을 알고, 알맞게 사용할 수 있어요.	😊	😐	🙁
26~27	길이를 비교하여 '길다', '짧다'를 말할 수 있어요.	😊	😐	🙁
28~29	거리를 비교하여 '가깝다', '멀다'를 말할 수 있어요.	😊	😐	🙁
30	'위, 아래, 옆, 뛰어넘다, 통과하다'의 뜻을 알고 알맞게 사용할 수 있어요.	😊	😐	🙁
31	배운 것을 모두 기억해서 말할 수 있어요.	😊	😐	🙁

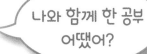

나와 함께 한 공부 어땠어?

정답

2~3쪽

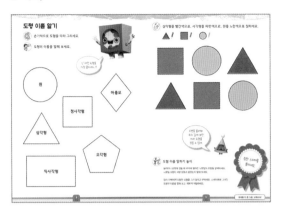

4~5쪽

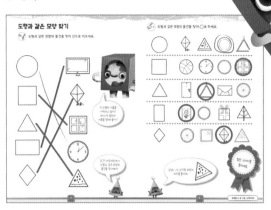

6~7쪽

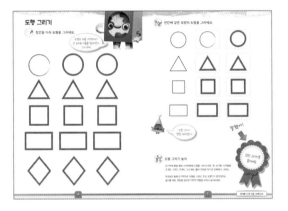

8~9쪽

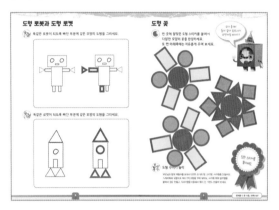

10~11쪽

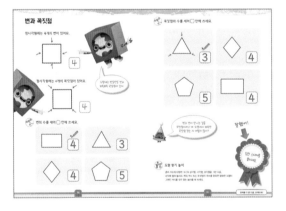

12~13쪽

14~15쪽

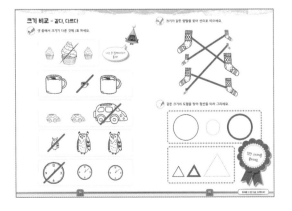

16~17쪽

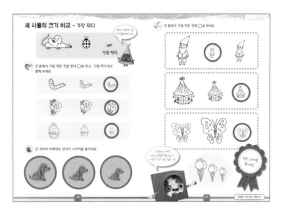

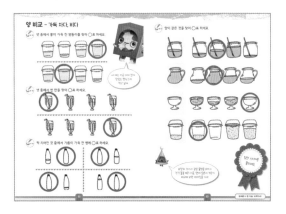

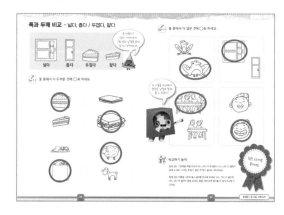

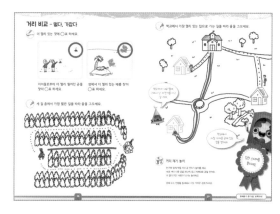

정리 노트

런런 옥스퍼드 수학

1-6 도형과 측정

초판 1쇄 발행 2022년 12월 6일
글·그림 옥스퍼드 대학교 출판부 **옮김** 상상오름
발행인 이재진 **편집장** 안경숙 **편집 관리** 윤정원 **편집 및 디자인** 상상오름
마케팅 정지운, 김미정, 신희용, 박현아, 박소현 **국제업무** 장민경, 오지나 **제작** 신홍섭
펴낸곳 (주)웅진씽크빅
주소 경기도 파주시 회동길 20 (우)10881
문의 031)956-7403(편집), 02)3670-1191, 031)956-7065, 7069(마케팅)
홈페이지 www.wjjunior.co.kr **블로그** wj_junior.blog.me **페이스북** facebook.com/wjbook
트위터 @wjbooks **인스타그램** @woongjin_junior
출판신고 1980년 3월 29일 제406-2007-00046호
원제 PROGRESS WITH OXFORD: MATH
한국어판 출판권 ⓒ(주)웅진씽크빅, 2022 **제조국** 대한민국

ISBN 978-89-01-26516-2
ISBN 978-89-01-26510-0 (세트)

잘못 만들어진 책은 바꾸어 드립니다.
주의 1. 책 모서리가 날카로워 다칠 수 있으니 사람을 향해 던지거나 떨어뜨리지 마십시오.
　　 2. 보관 시 직사광선이나 습기 찬 곳은 피해 주십시오.